图 解 家 装 细 部 设 计 系 列
Diagram to domestic outfit detail design

天花吊顶666例
Suspended ceiling

主 编：董 君 / 副主编：贾 刚 王 琰 卢海华

中国林业出版社

目录 / Contents

对称\简约\朴素\大气\庄重\雅致\恢弘\壮丽\华贵\高大\对比\清雅\含蓄\端庄\对称\简约\朴素\大气\对称\简约\朴素\大气\庄重\雅致\恢弘\壮丽\华贵\高大\对比\清雅\含蓄\端庄\对称\简约\朴素\大气\端庄\对称\简约\朴素\大气\庄重\雅致\恢弘\壮丽\华贵\高大\对比\清雅\含蓄\端庄\对称\简约\朴素\大气\对称\简约\朴素\大气\庄重\雅致\恢弘\壮丽\华贵\高大\对比\清雅\含蓄\端庄\对称\简约\朴素\大气\对称\简约\朴素\大气\庄重\雅致\恢弘\壮丽\华贵\高大\对比\清雅\含蓄\端庄\对称\简约\朴素\大气\对称\简约\朴素\大气\庄重\雅致\恢弘\壮丽\华贵\高大\对比\清雅\含蓄\端庄\对称\简约\朴素\大气\端庄\对称\简约\朴素\大气\庄重\雅致\恢弘\壮丽\华贵\高大\对比\清雅\含蓄\端庄\对称\简约\朴素\大气\对称\简约\朴素\大气\庄重\雅致\恢弘\壮丽\华贵\高大\对比\清雅\含蓄\端庄\对称\简约\朴素\大气\对称\简约\朴素\大气\庄重\雅致\恢弘\壮丽\华贵\高大\对比\清雅\含蓄\端庄\对称\简约\朴素\大气\端庄\对称\简约\朴素\大气\庄重\雅致\恢弘\壮丽\华贵\高大\对比\清雅\含蓄\端庄\对称\简约\朴素\大气\对称\简约\朴素\大气\庄重\雅致\恢弘\壮丽\华贵\高大\对比\清雅\含蓄\端庄\对称\简约\朴素\大气\对称\简约\朴素\大气\庄重\雅致\恢弘\壮丽\华贵\高大\对比\清雅\含蓄\端庄\对称\简约\朴素\大气\端庄\对称\简约\朴素\大气\庄重\雅致\恢弘\壮丽\华贵\高大\对比\清雅\含蓄\端庄\对称\简约\朴素\大气\对称\简约\朴素\大气\庄重\雅致\恢弘\壮丽\华贵\高大\对比\清雅\含蓄\端庄\对称\简约\朴素\大气\恢弘\壮丽\华贵\高大\对比\清雅\含蓄\端庄\对称\约\朴素\大气\恢弘\壮丽\华贵\高大\对比\清雅\含蓄\端庄\对称\庄重

CHINESE
中式典雅

　　雕花、隔扇、镂空是传统的中式风格的装饰物，白色或米黄色的墙面是中式
装修墙面的主要色调，怀旧与情调的搭配、天然与淳朴是中式背景墙的魅力所在，
让人在繁华与喧闹中找到心灵的安静。

以中式木边框修饰房顶使空间风格形成整体气象。

吊灯的金边框与方框顶灯形成简单时尚的水平层次。

银灰色反光顶为中式空间带入时尚质感。

方格石膏顶均匀地加深了空间的立体感。

吊顶内的光带使光线于空间中更饱满柔和。

层次感丰富的石膏墙更有一种天然的穿透感。

顶上的木边框与室内木格栅等形成呼应补充。

铺在天花板上的中式边框将东方禅意悄然释放。

中式房顶结构与原木扣板使其既传统又清新。

原木条拼接房顶吹出浓郁的自然质朴的气息。

木框架与顶灯细节相称，凸显方正的中国风。

红底素花石膏柱使房顶成为空间最浓重喜庆的一笔。

酷炫灵动的集成顶是简单空间最个性的存在。

一圈小灯与灯笼顶灯内外呼应营造和谐温暖的中式意境。

几何体网格带将新中式韵味输入简约风天花板。

深色吊顶边框与楼梯扶手对应使空间更具整体感。

刷白的房顶在周围吊顶的反衬下更显高阔敞亮。

暖木吊顶使玄关笼罩在和谐自然的氛围中。

祥云图样吊灯体现出现代与传统相融的智慧。

粗壮的木梁房顶为时尚家居带入淳朴天然的气息。

静谧舒适的用餐环境，一门之隔就是园林美景。

木质色有着自然的亲和力，既不会太显沉闷，又有着高雅的格调。

地下室红酒区，采用了中西结合的方式来展开。

顶部以黑钢勾边，优雅又不失灵动，为餐厅营造了时尚精致的用餐氛围。

深色木轮廓使每个顶格轮廓更清晰气质更古典。

对称的金属框边使极简的房顶也有了设计感与质感。

盛放于顶的荷花图渲染出充满朝气活力的自然气氛。

淡绿色素雅天花以清新气质中和了富贵中正的软装。

相错的吊顶与光源一起打造明暗对比的时尚空间。

充满设计感的灯架结构将创意美融入现代生活。

以大方格分隔房顶使压抑的空间得到另类的释放。

简约的房顶描以黑边消除了一白到底的单调。

时尚吊灯上的仿真绿植营造自然浪漫的休闲氛围。

配以黄色光源的祥云图案透出富贵大气的皇家风范。

环绕着中式图样的吊顶低调而细致地透出古风韵。

创意石膏顶结构与斑驳光影相互辉映尽展艺术张力。

编筐式集成顶营造自然和谐而惬意静谧的空间氛围。

艳丽的传统图案铺满房顶集合出浓厚的文化底蕴。

淡粉色条纹壁纸包裹下的一体墙顶使床铺区温馨甜美。

顶格里的淡金黄色使房顶也有了奢华高档的气派。

墨绿色反光中式顶板于跳跃的时尚色中透出和谐之气。

斜房顶不仅释放了空间还为艺术品提供了展示区。

木格架将暖暖的感觉带入高阔的屋顶空间。

琴键般的原木等距排列奏出最自然美好的旋律。

微景观的巧妙带入于生活细节中释放大自然的魅力。

金边轮廓与暖黄光线的坚柔搭配呈现温暖贵气的质感。

黑色木格栅作顶使区域内庄重沉稳的画风统一完整。

顶部以中式框边修饰为玄关增添宁静安稳的传统韵味。

实木梁与木背景、木桌呼应，营造出浑厚的自然感。

中式屋顶结构的运用使室内充斥古典传统的东方风韵。

竖插入房顶的成排黑木板诠释时尚的同时也释放压抑。

大面积光源集成顶打造朦胧浪漫的现代感。

边缘一排小灯烘托了背景墙古风古韵的意境。

紧凑精致的暗花纹理使屋顶也有了雅致的艺术魅力。

木质房顶的暖与大理石地板的冷碰撞出温和时尚的空间感。

复杂的木结构深顶将自然气质演绎出另类的高雅。

房顶高饱和度色彩搭配加强了道教文化的释放张力。

实木格栅顶装呼应实木餐桌打造高雅温馨的用餐氛围。

自顶垂落的黑色条带群使高顶空间充实而灵动。

颇具质感与纹理感的金铜色房顶是空间最大亮点。

中式吊顶的留白部分使深色空间得到合理释放。

简欧风格的立体石膏顶使房顶优雅而独具层次感。

聚集的闪光灯构建利落干脆的时尚主义上层空间。

弧面三角形木格栅房顶使现代与传统结构完美融合。

横向木栏栅房顶与竖向木栏栅椅背相互补充构成整体。

以黑色木质房顶搭红色木梁彰显庄重威严的中式气派。

银色纹理搭配金属分割线打造光彩流转的现代天花。

暖黄色吊顶将温暖又活泼的性格带入空间。

裸灯泡与中式格栅成排呼应营造古色古香的传统意境。

立体方格集成顶呈现出有型有序的时尚效果。

角落处特意打造的传统结构激活了整个吊顶的中式风格。

银色内凹的金属框边像巨大的画框为房顶创造艺术氛围。

实木框架以自然的气质凸显并修饰了独特的房顶结构。

传统木结构屋顶与中式软装组合打造古朴自然的空间。

相似的吊顶结构与顶灯使不同区域既分化又统一。

浅棕色天花板使时尚的结构与纹理透出温润的绅士风。

石膏顶上的圈圈与餐桌呼应和谐而简约。

吊灯上的金边花朵兼具田园风情与奢华贵气。

立体石膏顶规整有序的结构与墙面、桌椅相得益彰。

格栅式石膏顶保留了原始高度又削弱了不饱满感。

浅色原木板紧密挨靠释放浓郁的质朴生活味道。

深色木质扣板带来浑厚拙朴的温暖气息。

略旧且略带绿色的木板天花既古朴自然又灵动活泼。

蜂巢式天花结构搭银色反光材质是时尚与天然的完美融合。

细密的木色纹理为自然风天花加入细腻的质感。

金属边线与嵌套结构使天花板具备了独特的时尚张力。

自墙面延伸至顶的大幅荷花图将古典自然美充斥空间。

中式传统情调因顶上木格架的添入而更浓郁。

中式木格栅天花使人抬头便感受到满满的传统风韵。

吊顶中透出的黄色光晕营造唯美温馨的卧室氛围。

顶上深色简花的绽放透出优雅迷人的艺术气息。

银色纹理修饰的石膏线为房顶添入典雅的质感。

深黄色圆底自深井般石膏吊顶中探出似温暖的太阳般。

不规则三角形石膏顶结构奠定了简约时尚的硬装基础。

米字木格架天花将英伦风尚混入自然气质中。

板条式石膏顶突破花样设计凸显自然简约的魅力。

黑白色搭灯笼以反传统的方式彰显新中式的魅力。

金色钢板与多形态玻璃石吊灯打造璀璨梦幻的宇宙星空。

多形态鸟笼式吊灯与简欧石膏顶混搭出时尚优雅的调调。

流畅光滑的轮廓使吊顶充满现代化的质感。

自扇形留空中窥见三角顶制造充满几何趣味的层次感。

发光的祥云镂空凸显了和谐吉祥的中国传统风韵。

欧式顶格栅在暖光源的烘托下透出浪漫清雅的格调。

四块组合吊顶间的空隙凸显分化又吸引的时尚设计。

简易的米白色木结构吊顶透出简单舒适的生活格调。

方形内凹结构使内嵌灯洒在地板上的光线更集中。

倾斜的木质房顶制造惬意自然的生活情调。

EUROPEAN

欧式奢华

流动＼华丽＼浪漫＼精美＼豪华＼富丽＼动感＼轻快＼曲线＼典雅＼亲切＼流动＼华丽＼浪漫＼精美＼豪华＼富丽＼动感＼轻快＼曲线＼典雅＼亲切＼清秀＼柔美＼精湛＼雕刻＼装饰＼镶嵌＼优雅＼品质＼圆润＼高贵＼温馨＼流动＼华丽＼浪漫＼精美＼豪华＼富丽＼动感＼轻快＼曲线＼典雅＼亲切＼流动＼华丽＼浪漫＼精美＼豪华＼富丽＼动感＼轻快＼曲线＼典雅＼亲切＼清秀＼柔美＼精湛＼雕刻＼装饰＼镶嵌＼优雅＼品质＼圆润＼高贵＼温馨＼流动＼华丽＼浪漫＼精美＼豪华＼富丽＼动感＼轻快＼曲线＼典雅＼亲切＼流动＼华丽＼浪漫＼精美＼豪华＼富丽＼动感＼轻快＼曲线＼典雅＼亲切＼清秀＼柔美＼精湛＼雕刻＼装饰＼镶嵌＼优雅＼品质＼圆润＼高贵＼温馨＼流动＼华丽＼浪漫＼精美＼豪华＼富丽＼动感＼轻快＼曲线＼典雅＼亲切＼流动＼华丽＼浪漫＼精美＼豪华＼富丽＼动感＼轻快＼曲线＼典雅＼亲切＼清秀＼柔美＼精湛＼雕刻＼装饰＼镶嵌＼优雅＼品质＼圆润＼高贵＼温馨＼流动＼华丽＼浪漫＼精美＼豪华＼富丽＼动感＼轻快＼曲线＼典雅＼亲切＼流动＼华丽＼浪漫＼精美＼豪华＼富丽＼动感＼轻快＼曲线＼典雅＼亲切＼清秀＼柔美＼精湛＼雕刻＼装饰＼镶嵌＼优雅＼品质＼圆润＼高贵＼温馨＼流动＼华丽＼浪漫＼精美＼豪华＼富丽＼动感＼轻快＼曲线＼典雅＼亲切＼流动＼华丽＼浪漫＼精美＼豪华＼富丽＼动感＼轻快＼曲线＼典雅＼亲切＼清秀＼柔美＼精湛＼雕刻＼装饰＼镶嵌＼优雅＼品质＼圆润＼高贵＼温馨＼华丽＼浪漫＼精美＼豪华＼富丽＼动感＼轻快＼曲线＼典雅＼亲切＼流动＼华丽＼浪漫＼精美＼豪华＼富丽＼动感＼轻快＼曲线＼典雅＼亲切＼清秀＼柔美＼精湛＼雕刻＼装饰＼镶嵌＼优雅＼品质＼圆润＼高贵＼温馨＼流动＼华丽＼浪漫＼精美＼豪华

EUROPEAN
欧式奢华

　　精美古典的油画、金属光泽的壁纸、繁复婉转的脚线，繁复典雅，华丽而复古，坐在家里也能感受高贵的宫廷氛围，在水晶吊灯的映衬下，更加亮丽夺目，昭示着现代人对奢华生活的追求。

形态各异的透明花瓶灯罩以个性姿态阐述纯净的精致。

大理石与石膏线融合的房顶彰显欧式宏伟端庄的气派。

简约的吊顶更加烘托出水晶灯的华美与贵气。

内层石膏顶上的花纹在光线下若隐若现演绎欧式浪漫。

镜面吊顶以时尚手法打造双倍的奢华空间。

白色光带使简欧吊顶优雅干净的风格更加凸显。

八角形石膏图案兼具灵动的现代感与复古的神秘感。

深槽顶搭铁艺烛台吊灯散发浓郁的古老生活气息。

立体圆周石膏顶将光芒聚拢璀璨夺目似梦幻光景。

大型花球状簇灯打造星际空间般壮美的顶层空间。

契合梯形房顶的深木色房梁将深木色空间链接成一体。

房顶的浅木色区舒缓沉闷而深木色梁架提供支撑感。

朦胧的昏黄光晕使大理石顶的气质温润舒缓起来。

黑白搭的菱形石膏顶与地板形成图案与色搭上的呼应。

精巧的欧式顶灯座将精致典雅的艺术美凝聚释放。

大理石的华贵质感与伞灯的优雅搭配出高冷静美的调调。

石膏立体集成顶中和了华丽吊灯的垂坠感。

多层次多结构的铁艺吊灯使高阔的空间充斥艺术魅力。

黑白边线相接的菱形纹石膏顶凸显个性又经典的时尚品味。

棕色雅致花纹顶与旧铜架水晶灯相互辉映融为一体。

方格石膏顶简单干净，与自然生动的绿植形成舒适搭配。

图案与线条的混搭打造梦幻浪漫的天花板。

立体的菱形纹石膏顶将几何美与空间美相结合。

浅黄色顶灯光芒与暖黄色光带以内外交相辉映。

房顶与墙面上的黑线框同时表达了极简的时尚主题。

环绕的棕黄色木扣板纹理凌乱粗糙，带来更真实的自然感。

房顶中间大片的留白使轻快活泼的空间氛围得以扩散。

蜂巢式石膏顶以自然美点缀了简约明亮的欧式风格。

四瓣小花图案为房顶添入可爱甜美的气质。

暖黄色灯带为欧式吊顶描出温暖迷人的轮廓。

长长的水晶吊灯以华贵高雅的气势充盈了整个上层空间。

木格栅长扣板为房顶带来自然舒畅的透气感。

水晶灯上红、黑色的点缀凸显了灵动俏皮的时尚个性。

水晶灯冰柱般的独特造型是向大自然的鬼斧神工致敬。

饱满精致的巨型水晶灯自带强大的奢华气势。

金色质感吊顶与华美水晶灯共同打造宫殿般的气派房顶。

缺角长方形与椭圆吊顶相间排列在华丽气派中添入灵动。

机械造型的石膏顶搭科技感十足的灯像是未来的机关。

圆形内嵌空间凸显了华贵的顶灯亦减少了其垂坠感。

在略宽的顶间隔中纹上简约的花纹使房顶气质升级。

球状花簇般的顶灯散发耀眼、浪漫与迷人的光芒。

冰激凌般的吊灯轮廓使房顶充满童趣。

粗木方格房顶为清新舒适的空间补充入温暖复古的格调。

简约的黑色边线将时尚现代的元素带入欧式房顶。

石膏顶像孤岛一样集中展示着欧式风格的简约与优雅。

多层次水晶大吊灯使房顶成为了绚丽壮观的空间焦点。

交错着的石膏梁使房顶空间有了规整而大气的充实感。

高凸的白色木质房顶兼具自然朴实与简约优雅的气质。

中心的深色与四周的亮光形成强烈的明暗对比。

房顶上的菱形格与大理石菱形纹形成高低内外呼应。

包裹着吊灯的圆形空间在充分光线下显得温馨而浪漫。

婉转流畅的线条包裹着水晶灯使房顶像银河一样醉人心神。

欧式集成顶演绎出优雅线条与柔和光线的完美共舞。

弧形欧式石膏顶以独特的身姿展现出空间变幻的魅力。

石膏顶上镂空的花草彰显欧式浪漫甜美的风格。

酷似钻石的顶灯为房顶增添沉甸甸的奢华质感。

交叠的金属圆盘顶以优雅贴切的艺术美呼应了餐厅内涵。

唯美精致的顶灯使空气中飘散着甜甜的公主风。

精雕细琢的石膏顶为房间增添高雅的艺术感。

椭圆形纹理与太阳状顶灯使房顶似星系般深邃迷人。

房顶上不规则的金边架构显示了奢华与时尚的质感。

海蓝色的弧形扣板组合给人以波动而辽阔的自然感。

螺纹结构使吊顶有了丰富而直接的层次感。

L形水晶灯列满房顶打造晶莹剔透的浪漫风景。

简约洁白的房顶让纷乱喧闹的空间安静了下来。

旧铜色渲染的房顶释放出古典贵族般的高雅魅力。

方格分区房顶使光线在区域里集中而在整体里均匀。

自内向外铺开的层层八角形绽放出几何体的艺术魅力。

在灯光的衬托下方格内顶有了一种从天而降的神秘感。

略暗的顶灯使石膏顶在阴影中勾勒出深沉的轮廓。

深凹槽方格石膏顶呼应了房间简约大气的风格。

内顶边线利落而简单却为房顶增添了现代感。

浅黄色的青春甜美与顶结构的活泼跳跃相得益彰。

起伏有序的连接使两层房顶有了蛋糕一样的软蓬感。

精雕细刻的蜂巢房顶兼具工业质感和艺术观感。

通气装置藏在吊顶间维护了软装简欧风格的完整感。

圆盘吊顶铺满荷花图释放出浓郁自然的中式和谐。

中式格栅扣板使吊顶充满了传统的禅意。

高饱和度绿色与个性画框相搭更显俏皮灵动的时尚感。

与墙壁一致材质与设计的吊顶使空间齐整而统一。

石膏顶金黄色的花纹描边点缀出一种抽象的艺术感。

纯净不加修饰的白色更凸显出空间结构上的设计美感。

中式栏栅修饰石膏顶使其既有延伸视感更显传统风韵。

黄绿色立体牵牛花绽放于顶，将夸张又古典的艺术感淋漓展现。

充满机械感的顶灯与盛放的花束对撞出刚柔并济的美感。

层层清晰边线使吊顶似有一种抽象的外扩感。

菱形纹的简单修饰使内顶透出时尚简约的质感。

充盈着光线的菱形中间区使整个房顶有了灵性。

温和自然的木质吊顶使奢华空间不显高冷。

暖黄色光边烘托零星散布的光点营造诗意而浪漫的天花板。

低饱和度彩条纹使原木吊顶略显活泼又更朴素自然。

深棕色木梁框架使房顶复古大气而坚实有力。

充满线条感的天花板与顶灯搭配出"天圆地方"的文化底蕴。

笔直的折线布满房顶弱化了其个性凸显了其干净单纯的气质。

欧式花格吊顶与其他软装一起打造浪漫雅致的简欧空间。

PASTORAL

田园混搭

自然\舒适\温婉\内敛\悠闲\舒畅\光挺\华丽\朴实\亲切\实在\平衡\温
婉\内敛\悠闲\舒畅\光挺\华丽\ 自然\舒适\温婉\内敛\悠闲\舒畅\光
挺\华丽\朴实\亲切\实在\平衡\温婉\内敛\悠闲\舒畅\光挺\华丽\自
然\舒适\温婉\内敛\悠闲\舒畅\光挺\华丽\朴实\亲切\实在\平衡\温
婉\内敛\悠闲\舒畅\光挺\华丽\ 自然\舒适\温婉\内敛\悠闲\舒畅\光
挺\华丽\朴实\亲切\实在\平衡\温婉\内敛\悠闲\舒畅\光挺\华丽\温
婉\内敛\悠闲\舒畅\光挺\华丽\朴实\亲切\实在\平衡\温婉\内敛\悠
闲\舒畅\光挺\华丽\ 自然\舒适\温婉\内敛\悠闲\舒畅\光挺\华丽\朴
实\亲切\实在\平衡\温婉\内敛\悠闲\舒畅\光挺\华丽\自然\舒适\温
婉\内敛\悠闲\舒畅\光挺\华丽\朴实\亲切\实在\平衡\温婉\内敛\悠
闲\舒畅\光挺\华丽\ 自然\舒适\温婉\内敛\悠闲\舒畅\光挺\华丽\朴
实\亲切\实在\平衡\温婉\内敛\悠闲\舒畅\光挺\华丽\ 自然\舒适\温
婉\内敛\悠闲\舒畅\光挺\华丽\朴实\亲切\实在\平衡\温婉\内敛\悠
闲\舒畅\光挺\华丽\自然\舒适\温婉\内敛\悠闲\舒畅\光挺\华丽\朴
实\亲切\实在\平衡\温婉\内敛\悠闲\舒畅\光挺\华丽\ 自然\舒适\温
婉\内敛\悠闲\舒畅\光挺\华丽\朴实\亲切\实在\平衡\温婉\内敛\悠
闲\舒畅\光挺\华丽\温婉\内敛\悠闲\舒畅\光挺\华丽\朴实\亲切\实
在\平衡\温婉\内敛\悠闲\舒畅\光挺\华丽\ 自然\舒适\温婉\内敛\悠
闲\舒畅\光挺\华丽\朴实\亲切\实在\平衡\温婉\内敛\悠闲\舒畅\光
挺\华丽\自然\舒适\温婉\内敛\悠闲\舒畅\光挺\华丽\朴实\亲切\实
在\平衡\温婉\内敛\悠闲\舒畅\光挺\华丽\自然\舒适\温婉\内敛\悠
闲\舒畅\光挺\华丽\朴实\亲切\实在\平衡\温婉\内敛\悠闲\舒畅\光
挺\华丽\自然\舒适\温婉\内敛\悠闲\舒畅\光挺\华丽\朴实\亲切\实
在\平衡\温婉\内敛\悠闲\舒畅\光挺\华丽\ 自然\舒适\温婉\内敛\悠
闲\舒畅\光挺\华丽\朴实\亲切\实在\平衡\温婉\内敛\悠闲\舒畅\光
挺\华丽\ 自然\舒适\温婉\内敛\悠闲\舒畅\光挺\华丽\朴实\亲切

PASTORAL
田园混搭

追求清新简约的年轻人更倾向于淡雅质朴的墙面风格，淡绿、淡粉、淡黄的浅色系壁纸，无论在餐厅、书房还是卧室，一开门间，素雅的壁纸带来一股清新的味道，给人以回归自然的迷人感觉。

洁白的木质吊顶诠释了自然简单的生活追求。

拥有圆润拐角的吊顶给空间增添温馨柔和的气质。

深棕色木梁的坚固踏实与白色吊顶的柔和舒适相融合。

婉约曲线使洁白的吊顶给人自然而浪漫的感觉。

无规则镂空图案铺满吊顶使其充满拼图般的趣味性。

不紧窄的间隔与不尖锐的顶角释放轻松而舒适的生活气息。

海星吊顶自带一种充满趣味的清新格调。

生动抽象的小舟式石膏顶呼应了房间的海洋风情。

长边灯列外的金属框边是极简房顶中的时尚元素。

中间留圆的吊顶与餐桌呼应自然而圆满。

悬置的木梁与对应的光带使空间充满通透明媚的舒适感。

纤细的网格吊顶充满轻盈而清新的自然气质。

层层金色边线在柔黄色灯光的衬托下凸显温馨的质感。

极简的金色边线呼应点缀了线条感十足的个性顶灯。

自带旋转感的椭圆石膏图案吹出浓郁的清新海风。

淡黄色内顶于柔和的光线照射下更显温暖自然。

吊顶可爱的波浪边线展现了充满动感的自然气质。

简约的石膏线条与浑圆的内核使吊顶透出淡雅的气息。

白色木吊顶搭配木色木梁于自然氛围中再添缕缕温暖。

不事雕琢的木梁结构释放最真实而淳朴的自然气息。

一侧斜吊顶留出三角结构将自然明媚的光线引入屋内。

吊顶内外金黄色的填充以满满的奢华感呼应顶灯。

棕色的吊顶及房梁让明显的凸结构不至于过分高远。

白色木质吊顶的做旧处理使其自然拙朴的气质更加出众。

立体感十足的方格天花为空间增添矩阵的魅力。

淡雅的天花板既可分区又契合了客厅的田园风格。

洁白的木质斜顶充满干净而自然的气质。

精致的石膏雕花为优雅大气的房顶再添艺术质感。

蔚蓝色的房梁与同色的家居软装呼应打造浓郁海洋风情。

各具形态的顶灯使深沉古朴的竹节吊顶也活泼起来。

白色木质吊顶使白色空间多了几分柔和自然而不致晃眼。

木质天花流畅的纹路与结构曲线呼应质朴中更显大气。

温馨朦胧的暖黄色光晕罩上圆形吊顶营造舒缓的用餐环境。

顶灯以树形姿态呼应木质吊顶体现统一的自然感。

格子玻璃吊顶既敞亮又延续了日式清雅的软装格调。

多层次吊顶天花与灯光相间相融彰显简约而气派的格调。

中式内顶图案以混沌黄色围绕更显天地之浩然正气。

不同形状的石膏顶为空间分区亦增添不少乐趣。

简洁敞亮的透光天花是极简空间中的灵动之笔。

鹿头装饰使充盈空间的自然之气凝聚释放出来。

石膏顶与木栏栅天花相间使空间既明亮又温暖。

和谐质朴的木格栅吊顶与空间满满的禅意契合。

参照土坯房结构打造的石膏空间充满原始天然的味道。

纵深的水晶吊灯以晶莹剔透的华美填满餐厅空间。

抽象分布于集成顶的L形灯带使简洁空间时尚度激增。

石膏顶以繁复结构呼应精美软装又以纯白释放蓝色的浓郁。

铁轨式木质吊顶为独特的房顶结构添入新奇厚重的自然韵味。

碗底状吊顶与大圆床呼应为空间带入活泼而浪漫的调调。

中式壮丽恢弘的气势在收拢的高空间天花中完美呈现。

优雅低奢的洁白天花中和了厚重感十足的华美家居。

后现代化的中式天花实现了民族风的巧妙混搭。

简洁的吊顶汇聚光线更衬水晶灯晶莹浪漫。

黑色反光天花以光与影的抽象感搭配时尚的空间。

弧形圆顶天花使优雅整洁的厨房更添高端大气质感。

木栏栅与铁艺灯的搭配呈现出自然与工艺的巧妙融合。

暗金色的圆形天花为朴素的房间提升质感。

饱满的花朵吊灯在抽象天花衬托下散发出孤傲的美感。

圆圈暗纹天花呼应圆桌线条凸显活泼的现代感。

竹排吊顶搭树枝顶灯生动演绎了最真实质朴的自然艺术。

天花上优雅婉转的线条与椅背曲线相映成趣。

以白色为主要内涵的黑框天花完美搭配了空间各要素。

只有暗灯的极简吊顶凸显了后现代感十足的家居。

内层吊顶的金属边框以硬朗直率感调和了过于柔美的吊灯。

天花纹路以绘画手法演绎出神秘复古的立体效果。

错落有致的层层吊顶打造大方饱满的上层空间。

铁艺顶灯的艺术身姿与抽象时尚的天花纹路共舞。

从内而外由浅入深的设计使天花吊顶隆重端庄。

圆形内外吊顶搭配浅黄色柔光温馨而甜美。

华美的立体花纹使天花略暗的中心也不会失色。

以吊顶设计来凸显分区清晰省地又新颖美观。

深入的吊顶使水晶灯华美绚丽的光芒收拢而更耀眼。

立体九宫格深色吊顶凸显出庄严厚重的历史感。

大小与顶灯相当的圆形内顶更衬出顶灯的大气华丽。

整体排列的方形原木色天花是绚烂空间自然的释放面。

华丽的亮金色天花凸显奢华厚重的贵族感。

像素镂空吊顶将室内外的自然与时尚相连接。

十字原木架与蓝色风扇灯呼应呈现出最自然清新的画面。

复层吊灯夹层略显斑驳的铜黄色光带是复古风最生动的点缀。

部分覆盖的吊顶结构现代感与分区功能兼备。

简单纯白的天花与繁而不杂的洁白地砖上下呼应。

简洁纯白的设计使高深的房顶也有了平面感。

不经除斑处理的木板吊顶带来更自然质朴的装饰效果。

创造\实用\空间\简洁\前卫\装饰\艺术\混合\叠加\错位\裂变\解构\新
潮\低调\构造\工艺\功能\创造\实用\空间\简洁\前卫\装饰\艺术\混
饰\艺术\混合\叠加\错位\裂变\解构\新潮\低调\构造\工艺\功能\创
造\实用\空间\简洁\前卫\装饰\艺术\混合\叠加\错位\裂变\解构\新
潮\低调\构造\工艺\功能\创造\实用\空间\简洁\前卫\装饰\艺术\混
合\叠加\错位\裂变\解构\新潮\低调\构造\工艺\功能\创造\实用\空
间\简洁\前卫\装饰\艺术\混合\叠加\错位\裂变\解构\新潮\低调\构
造\工艺\功能\简洁\前卫\装饰\艺术\混合\叠加\错位\裂变\解构\新
潮\低调\构造\工艺\功能\创造\实用\空间\简洁\前卫\装饰\艺术\混
合\叠加\错位\裂变\解构\新潮\低调\构造\工艺\功能\创造\实用\空
间\简洁\前卫\装饰\艺术\混合\叠加\错位\裂变\解构\新潮\低调\构
造\工艺\功能\创造\实用\空间\简洁\前卫\装饰\艺术\混合\叠加\错
位\裂变\解构\新潮\低调\构造\工艺\功能\简洁\前卫\装饰\艺术\混
合\叠加\错位\裂变\解构\新潮\低调\构造\工艺\功能\创造\实用\空
间\简洁\前卫\装饰\艺术\混合\叠加\错位\裂变\解构\新潮\低调\构
造\工艺\功能\创造\实用\空间\简洁\前卫\装饰\艺术\混合\叠加\错
位\裂变\解构\新潮\低调\构造\工艺\功能\创造\实用\空间\简洁\前
卫\装饰\艺术\混合\叠加\错位\裂变\解构\新潮\低调\构造\工艺\功
能\简洁\前卫\装饰\艺术\混合\叠加\错位\裂变\解构\新潮\低调\构
造\工艺\功能\创造\实用\空间\简洁\前卫\装饰\艺术\混合\叠加\错
位\裂变\解构\新潮\低调\构造\工艺\功能\创造\实用\空间\简洁\前
卫\装饰\艺术\混合\叠加\错位\裂变\解构\新潮\低调\构造\工艺\功
能\创造\实用\空间\简洁\前卫\装饰\艺术\混合\叠加\错位\裂变\解
构\新潮\低调\构造\工艺\功能\简洁\前卫\装饰\艺术\混合\叠加\错
位\裂变\解构\新潮\低调\构造\工艺\功能\创造\实用\空间\简洁\前卫

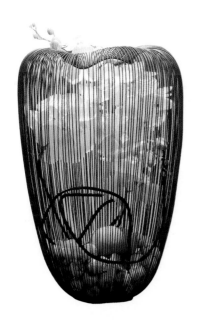

MODERN
现代潮流

透视的艺术效果、抽象的排列组合、黑白灰的经典颜色……明朗大胆，映衬在金属、人造石等材质的墙面装饰中不显生硬，反而让居室弥散着艺术气息，适合喜欢新奇多变生活的时尚青年。

黑色线条边框补充了天花的层次又凸显现代气质。

沿边吊顶在深长的空间打造大气简约的灯带。

木结构吊顶一侧的凹槽低调的将现代感融入。

充满线条感的铁艺灯与天花黑框呼应出抽象的艺术感。

深蓝色的中心平面吊顶打造影院版魅惑时尚的观感。

精致镂空图案附身铜色反光天花表达细致入微的时尚靓色。

suspended ceiling

吊顶采用充满现代感的直线条平铺给人利落明快的感觉。

木色边框搭白色核心使天花与桌椅实现了色彩格局的同步。

吊顶通过光与影的简单对比呼应房间极简的现代设计。

工业风吊顶以不规则抠图设计为生硬的外表增添灵性。

石膏顶上巧妙打造的星河光带让童趣与浪漫充斥卧室。

石膏顶明亮的高区与餐桌椅的摆置形成独特的时尚角度。

略短的留边吊顶使空间承接而不失顶部高阔的本质。

横竖宽边的交错设计突显了别具一格的时尚情调。

窄梁与木质底板的交错使天花好似摆架的延伸。

吊顶中心的圆形灯区散发着惬意和谐的生活味道。

描边的高光带使吊顶好似悬浮的平面时尚酷炫。

嵌在吊顶中的暗灯缓解了其低位造成的昏暗与压抑感。

灰色的中心与光带平整相接凸显出一丝不苟的冷峻风采。

五彩斑斓的天花呈现出色彩碰撞融汇后的大狂欢。

分散的长条形嵌灯吊顶装饰出有现代律感的上层空间。

相连的空间通过凹形顶形成明亮而自然的分区。

实木天花以无序的凸起木条呼应两侧错落的楼阶。

现代风天花采用木质材料为冷静的空间增添柔情。

集成顶以经典的黑白配诠释了现代家居。

独特的设计使吊顶在阳光下好似优雅律动的琴键。

吊顶一处开放的空口使整个空间更显出圣洁宁静的大格调。

天花引入欧式相框要素展现统一精致的艺术气质。

天花以不断交叠的五边形凸显出活泼生动的时尚感。

吊顶像倒置的裙摆与水晶灯相接演绎宫廷般的高雅感。

均匀分布在吊顶边框上的射灯形成规则美观的光面组合。

纵横交错层层叠叠的天花与简单的房间摆置形成鲜明对比。

一行行长条凹槽轻松打破光滑天花的无聊平整感。

吊顶不规则的立体结构打造变幻的创意美。

天花上环环相扣的图案铺出经典的优雅气质。

吊顶间的暖黄色光带营造惬意温馨的用餐氛围。

与隔断相同的原木纹天花使空间有了统一的自然感。

自然相连的木质地板、墙面与天花好似放大的折叠纸盒。

隐匿于视线的壁灯是将上层走廊背面化作极简吊顶的点睛之笔。

插入房顶的木栅栏以上下流通的效果缓解了高度不足的压抑。

吊顶裸露的网格架制造出工业风般的抽象时尚感。

简易乖巧的管道与灯使吊顶极致抽象与空间风格搭配完美。

吊顶的材质与颜色由低到高产生由重到轻的过渡。

灰色的吊顶主色向空间释放冷峻而绅士的气息。

平行线将吊顶的弧面勾勒得更加明白流畅而自然惬意。

天花上一侧的长形灯槽使略呆板的玄关有了活力。

大方平阔的天花衬着一层高的垂坠装饰也大气壮观。

洁白吊顶上浅浅的立体图案带给空间现代而舒适的感觉。

蓝天自吊顶狭长的空隙中与洁白的室内顺而承接。

覆盖着墙壁与顶的节节木板将自然温暖的气息充斥小空间。

原木天花用温暖柔和的色泽平衡了浅色空间的丝丝凉意。

吊顶光带散发的宽光晕制造一种朦胧梦幻的景象。

立体折面吊顶与曲面墙壁共同演绎出几何美大合奏。

反影延长至大理石天花的光带使立体空间有了平面感。

列排隔板式天花使空间多了一处别有情趣的亮点。

圆镜面吊顶搭配几珠水银块便是最科幻超越的房间点缀。

不同几何形状的凹槽为颜色单一的吊顶增添了有趣的多样性。

深棕色吊顶框架勾勒出充满复古韵味的精美天花。

吊顶的水波纹层样与弧形墙面相间的层次相呼应。

与桌面大小相称的吊顶灯槽补充了空间清雅闲适的氛围。

层层不规则的闭合曲线将独特壮观的地理美景化作天花。

无规则木质拼接吊顶为酷酷的房间注入升温的现代感。

吊顶细直的深框线与空间多处清晰线条交相呼应。

自吊顶上方渗透出的光线烘托出更具个性的现代风天花。

由白色、黑色、黄色拼接的空间角落呈现出活力四射的潮流感。

打造吊顶凹槽使吊灯最梦幻的部分恰入楼层景象。

纯白光面天花以明快的风格中和了酒吧风房间的迷乱感。

中式图案与现代设计巧妙结合的吊顶体现了传统与现代的碰撞美。

一列吊顶灯槽相互错开于整洁感中添加活泼的气息。

工业风吊顶使空间的现代感更加犀利直接。

木质窗扇与三角框架及灯组成了充满艺术氛围的上层空间。

略斑驳的浅木色吊顶栅栏散发出质朴天然的怡人气息。

深黑色工业风吊顶给人扑面而来的浓郁潮流感。

长短不一的管道状吊顶装饰相互交错演绎出抽象的时尚风格。

带着斑点的木质天花将有温度的自然感注入温馨的房间。

倒插入木质吊顶的悬空摆架具有透着新奇可爱的实用性。

深浅相间的暖色木质天花将温馨踏实注入超现代房间。

弧形吊顶中线以简洁优美的方式为房间划出清晰的分区。

蜂巢轮廓与图案使天花释放出自然而时尚的魅力。

自床头延伸至顶的天花搭配炫酷顶灯营造独立个性的休息区。

原木结构天花与原木软装一起打造天然惬意的书房。

一条自落地而跨顶的窗结构带将内外景悄然融合。

木屋结构的吊顶透出屋主人回归自然的生活向往。

紧密相接又高低错落的木质天花自然中又带着时尚的视觉冲击。

宽敞房间的高低顶借灯光打造立体而具对比性的明暗区。

与两侧相接的低吊顶既能分区又有承前启后的过渡作用。

L 性吊顶使房间整体于干净统一之余多了些主次感。

利落发散的天花缝隙搭配射灯使空间光线均匀恰当。

将奢华舒适的软包背景墙延伸至天花营造满满的幸福感。

天花极简的黑色边线以清晰轮廓感迎合房间利落明快的风格。

吊顶以单元格重复排列的方式呼应同样整齐有序的餐桌。

竖条纹、镜面与灯光的组合将时尚潮流发挥至极致。

白色镜面天花映出房间倒影使垂直空间也开阔起来。

吊顶高低分区使相连空间多了一种灵动的伸缩感。

充满现代感的大网格吊顶与球状灯群、垂直栏栅相映成趣。

吊顶简单平整却使开放厨房有了一目了然的区域感。

吊顶不规则却顺滑的闭合线呼应着水银状吊灯的流光。

木质吊顶框线的深沉厚实与金色吊灯的奢华厚重相辅相成。

吊顶平展的表面与紧凑的层次透出明捷又宽泛的现代气息。

天花以框边展现类同之齐而以灯组演绎变幻之美。

嵌着射灯的木质吊顶为木色空间营造五彩斑斓的温暖氛围。

黑白镜面块交错的天花将变幻时尚的感觉充斥玄关。

暗红色木质天花散发浓郁古朴的自然气息。

花的妩媚、金的质感与镜的变幻组合出光怪陆离的天花世界。

吊顶方正规矩的层层方框衬托着流动变化的吊灯更有趣。

平整洁白的吊顶使厨房更凸显干净整洁的风范。

球状灯群自高暗空间穿过大网格打造立体别致的天花井。

黑色墙面与灰黑色吊顶间的一道白色光线将压抑倏然释放。

浅色木质电视墙向上延伸出天花将空间包裹于清新自然的氛围中。

大小恰到好处的木质吊顶与四周匹配组合成可爱的客厅区域。

穿梭于天花长方形槽内的方灯展现出机动灵活的现代感。

天花与空间其他木屑元素一起向原始生活的淳朴致敬。

圆弧石膏结构是花纹背景墙与洁白天花间的柔顺连接。

天花流畅的沟渠与蓝色的光晕将天河般的静谧表达出来。

水泥砖样的天花传递出冷静现实的工业感。

三角形吊顶与电视墙拼合出优雅绽放的银色丽影。

一道道阴影低调地呈现出三角形吊顶的简欧田园风情。

像光盖一样的圆润吊顶演绎超时空般的时尚。

天花红润温实的木感与自然唯美的叶形相互辉映。

铁栏杆状天花与垂落的铁笼灯群融合展现铁艺之美。

由光道分隔木栏栅几何体突显天花清新朴素的组合变化之美。

三道黑黄色灯路为白色天花装饰出有质感的线性时尚。

顶灯以常见的生活元素及自然纯洁的色搭给人抬头可见的平静。

深棕色木纹天花与金属感灯路碰撞出冷暖相依的火花。

创意铁艺架构与天窗共同打造充斥饱满光线与空气感的房间。

略显庄重的吊顶设计是中和房间轻盈气质的元素之一。

少量黑色元素即可为洁白自然的天花带入醒目的时尚记号。

平整无界的吊顶均匀嵌入小灯营造出星空般的广阔豁达。

吊顶任意挥洒的线条在黄色光带的烘托下突出灵动的大气美。

半遮半掩的吊顶藏起光源却尽展不对称的别样性情。

天花逐渐拔高又回落的折角制造出缓冲强光的阴影面。

吊顶竖槽的斜面底展现无处不在的随性细节。

饱满洁白的三盏吊灯与实木桌板上的三圈圆相映成趣。

自然光肆意穿过的天窗顶与厚重锁光的吊灯形成互补。

与吊顶同形同向的灯设带来整体而顺承的美感。

吊顶三分灯区既使空间饱满又可达到调整光强的效果。

纯白与木质吊顶在高低、亮暗、冷暖上均体现出鲜明对比性。

吊顶与床齐宽的遮光区不影响室内光线又展现人性化的科学理念。

吊顶白色区域为略带阴郁气质的灰色空间结构减压提亮。

深棕色木质吊顶区域与深色床边区域形成对角呼应。

天花上数个六角形暗灯展现变幻的队列与整齐的几何之美。

连接吊顶两临边的发散状立体光带组释放脱颖而出的潮流感。

平淡无奇的吊顶是形态各异的灯热闹比拼的最好舞台。

吊顶两排亮黑色条带使工业风射灯有了些隐身效果。

吊顶的高低结构凸显出房间别致新颖的空间布局。

吊顶高区收拢的边缘设计为空间增添活跃的变化美。

平行排列的暗灯组、空调组及吊灯组都体现出秩序化的延伸感。

形态分化的吊顶木屑槽是于原始偏好中对多变时尚的向往。

线性长吊灯以个性不凡的气质装饰了经典的黑白配天花。

木色立体枝丫与椭圆灯组搭配出自然唯美的艺术画面。

吊顶自内向外层层扩展的回形建立起整齐饱满的立体美。

吊顶折叠穿插的设计不仅时尚更强化了投影功能。

天花以黑框白底的格子与黑椅白桌的摆置形成默契。

纤细顶灯融入淳厚庄重的天花好似一幅神秘悠久的油画。

复层吊顶沿边凸显出中规中矩的方正美感。

镜子格天花映着五彩纷呈的空间景象更迷幻醉人。

木质天花的框架结构与床头背景墙设计统一呼应。

列满凹凸条形的天花带来穿梭浮动的时尚节奏。

连通的木质外衣结构传递简捷自然超越的现代理念。

以极简射灯框作唯一修饰透出天花干练实用的气质。

泛着铜色光泽的长条为吊顶添入金属般的时尚质感。

天花以宽光带模仿层次更有一种虚实相映的奇妙观感。

吊顶巧妙的弧面设计给人海世界一样的居家体验。

几点小巧的暗灯便使平淡无奇的顶透出激萌的可爱。

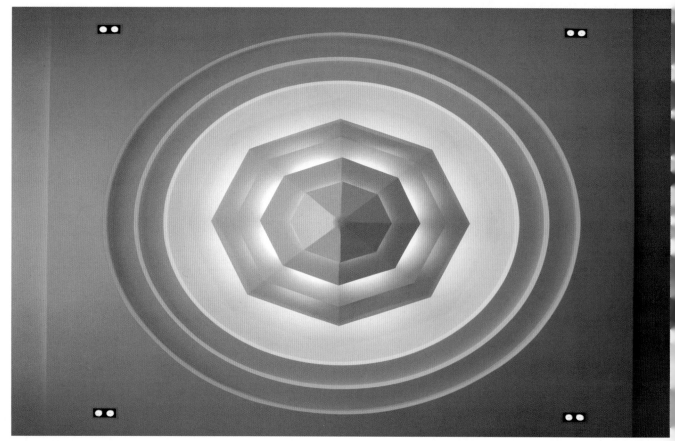

层叠的圆囊括层叠的八角形充分展现几何变幻之美。